U0334223

HE SUCCULENT PLANTS

for the first time

从流行混栽到繁殖培育

给第一次养多肉植物的你

（日）胜地末子　著　李昕昕　译

华中科技大学出版社
http://www.hustp.com
中国·武汉

点缀生活

独具魅力的室内盆栽

　　看到了吗？房间里点缀的那一抹抹绿影。多肉植物虽然个头小，却以独特的姿态彰显着自己的魅力和风采。它们壮实、紧凑，生命力强，方便打理，已成为室内装饰不可或缺的美丽风景。

多肉植物种类丰富，千姿百态，色泽饱满，变化万千。让我们将喜欢的"肉肉"自由组合，一起打造"肉肉"们同台共演、争妍斗艳的心动时刻吧。

目 录

开启多肉植物时代

　　多肉植物的魅力，在于独特器皿孕育出的万千造型。它们中既有圆圆肉肉的"小可爱"，也有叶片繁茂的"俏佳人"，还有伸展着枝蔓和茎干的"长腿欧巴"，偶尔还会让人眼前一亮："这真的是植物吗？"对于多肉植物来说，它们的长项是有较强的蓄水能力。因为体内含有富足的水分，不需要频繁浇水，所以生长周期较长，生命力也较为顽强。加之其种类丰富、耐干耐旱的生长特质，这些都是我们选用多肉植物进行组合艺术创作的先决条件。本书以多肉植物的搭配组合为实例，既介绍了植物生长的个性，又将自由创意和精美容器巧妙融合。在平淡寡味的生活里，用多肉植物作室内盆栽，点亮我们的生活吧。

"白铁皮喷壶"店主　胜地末子

第1章

给第一次
养多肉植物的你

打造简单自由的多肉植物空间
第一次养多肉植物也能实现的流行搭配

巧妙放置小型多肉植物

洋溢个性表情
点缀多样容器

玻璃、陶瓷器皿之类的小型容器可以培育多种多样的多肉植物。虽然一盆盆多肉君看似渺小，但个数多了，一个个头挨头、肩并肩地排列开来，屋里也会热闹起来。多种多样的造型、形形色色的样式，让每一个观赏者陶醉其中。容器选择十分自由，像油点百合就可以用药瓶盖进行栽种。

DATA ————

莲花掌属"黑法师"、银波锦属"熊童子锦"、青锁龙属"红叶祭"、景天属"八千代"、油点百合、大戟属

和式餐具搭配多肉植物

低矮的多肉植物洋溢着特有的和式风情。一小盆一小盆地用心栽培，用不同的器皿烘托出不一样的气质与风采。

DATA ——————
拟石莲花属"圆叶红司"、拟石莲花属"银武源"、拟石莲花属"大和蔷薇"、拟石莲花属"白银杯"、拟石莲花属"杜里万莲"

极具风味的插穗

将剪下的插穗并排放入白色的酱汁勺中，几周后，插穗便会生根发芽。用白净美观的酱汁勺孕育苗壮生长的插穗，每次看到都有好心情。

DATA ——————
风车草属"胧月"、景天属"虹之玉"、青锁龙属"星之王子"、拟石莲花属、长生草属"卷绢"、景天属"黄金万年草"

简便混栽，自由组合

木盒混栽 style

一个长木盒可以混栽三种多肉植物。将盆装的多肉植物转移到长木盒里，简单排列即可。多肉品种的更换也十分方便。可在植物根部搭配椰子纤维进行装饰。

DATA ————————————

景天属"虹之玉"、拟石莲花属"霜之朝"、银波锦属"熊童子"

白铁皮桶混栽 style

圆头圆脑的白铁皮桶混栽多肉植物，只需在多肉植物的周边裹一层蜡纸，再剪取一段翡翠珠或珊瑚苇进行装饰，作为礼品赠与他人也是美事一桩。

DATA

拟石莲花属"玉杯东云"、景天属"防雪棚"、伽蓝菜属"千兔耳"、千里光属"翡翠珠"、珊瑚苇

工具和材料

白铁皮、蜡纸、
各类多肉植物少许

PROCESS

No.01
将蜡纸衬入白铁皮容器里，略微超出容器边缘，捋放整齐。

No.02
将多肉植物连盆放入白铁皮容器。

No.03
将三种多肉植物放好后，重新调整多肉植物的朝向和位置。

No.04
在多肉植物相邻的间隙里垫入小块蜡纸。

No.05
在白铁皮的外围，从后往前慢慢放入翡翠珠。

No.06
最后将珊瑚苇的叶片绕在四周即可。

妥善收纳园艺工具

在组合多肉植物之前，先把必备的园艺工具整理妥当。

这些都是园艺必备品，建议大家根据自己的喜好选用。

1 喷壶

用于浇水的喷壶，推荐
使用可以摘除前部喷头
的款式。即使随意摆
放，也能让人感受到些
许时尚。

2 培土器

用于移植的培土器，有
多种尺寸可供选择。根
据容器的具体大小选择
不同尺寸的培土器。

3 镊子

附有刮刀的园艺专用的
镊子，或插茎、或固
定，非常适合用于细致
的手艺活儿。

4 园艺剪刀

用于剪取植物根茎的园
艺剪刀，尽量选用结实
耐用的。

5 手套

弄土必备的园艺手套，移植仙
人掌或仙人球时的必需品。可
以选用自己喜欢的款式。

花盆大小与形状

花盆也有不同尺寸和多种款式。根据多肉植物品种的特性和风格，选择最合适的花盆。

花盆是培育多肉植物必不可少的工具之一，常见的有素陶花盆、宽花盆、浅口花盆、吊篮等，种类齐全，样式丰富。通常来说，花盆根据口径的长度，以"号"为单位加以区分。1号花盆的直径约3cm，6号花盆约18cm。以此类推，10号花盆的直径大小约为30cm。

在栽种独根幼苗时，应选用较之最初的幼苗容器稍大一号的花盆。

另外，深口花盆既适合栽种高个植物，又能在混栽时大放异彩，呈现出多肉植物的层次美。浅口花盆则适用于栽种低矮植物或横向搭配的混栽组合。

品种多样的盆栽容器

栽培多肉植物无须拘泥于园艺类花盆。我们可以巧妙利用生活中的器皿，在形形色色的花盆中选用最适合的那一款。

1．和式餐具 & 陶器花盆　　　　2．白铁皮容器

1. 陶器花盆适用于小型多肉植物。没有底洞的和式餐具亦可。
2. 白铁皮容器既可以烘托出复古的氛围，又可以搭配高雅的装饰，可谓百搭神器。

3．玻璃容器　　　　　　　　　4．珐琅容器

3. 在透明澄澈的玻璃容器底部铺上一层根苗防腐剂后即可使用。
4. 清爽的珐琅容器很适合放置在厨房里。

5. 铁制容器

6. 素陶容器

5. 敦厚典雅的铁制容器，适用于典雅独特的多肉植物。
6. 最适合植物生长的素陶容器，小可排栽小型植物，大可混栽其他品种。

8. 铁篮子

7. 生态容器

7. 用木屑、稻壳等加工而成的生态容器，既轻便又结实。
8. 在网眼状的铁篮子里衬入培土用的大麻袋，即刻变身为精致容器。

基本用土小窍门

2. 鹿沼土

1. 赤玉土（小粒）

3. 腐叶土

1. 赤玉土的透气性和蓄水性较好，是大多数多肉植物的基本用土。　2. 鹿沼土中所含的有机质少，适合改善土壤排水性。　3. 腐叶土为阔叶树落叶发酵后的有机质改良土，能有效提高土壤的蓄水性和保肥性。

适合多肉植物生长的基本用土比例为：赤玉土 2 份、鹿沼土 2 份、腐叶土 1 份、川沙 2 份、熏炭 1 份、蛭石 2 份。培土的关键是确保土壤的排水性。

4. 川沙

5. 熏炭

6. 蛭石

4. 川沙有助于提高土壤的透气性和排水性。多加一些川沙，可以让土壤更紧致。　5. 低温环境下烧制稻壳产生可改良土的熏炭。熏炭可以有效提高土壤的透气性。　6. 蛭石由矿物质高温加工而成，质地轻盈、蓄水性好，也适用于插穗的培育。

专业培养土、肥料及其他营养物质

1. 多肉植物专用培养土

2. 插穗用土

4. 根苗防腐剂

3. 固体肥料

1. 多肉植物专用培养土，为多种土壤混合而成的培养土。　2. 插穗用土蓄水性强，有利于多肉植物根部的伸展与发育，是改良后的插穗专用土。　3. 土壤养分较少时可适量加入固体肥料进行调节。　4. 根苗防腐剂实为防止根部腐烂的硅酸盐白土，可用于密封容器。

使用专业的培养土栽培多肉植物是最为便利的。专业培养土的种类五花八门、琳琅满目。根据具体的容器和土质，选用最合适的肥料和根苗防腐剂吧。

5. 水土

6. 培养基

7. 泥炭藓

5. 水土是水草培育用土，呈颗粒状，也可用于培育多肉植物。　6. 水栽培养基为水生作物培土，调整好水土比例也可用于栽培多肉植物。　7. 泥炭藓主要用于干燥湿地苔类植物。将泥炭藓和水按一定比例调配好后使用。

方便搭配多肉植物的材料

2. 麦饭沙

3. 珊瑚沙

1. 沙砾

4. 富士沙

5. 大灰藓

1. 选用化妆沙中颗粒细小的品种。大矶石等化妆沙颇有名气。　2. 麦饭沙为麦饭石碾磨后的沙砾，白色、暖色交错，独具视觉美感。　3. 珊瑚石粉碎后的沙砾即为珊瑚沙。市面上可以买到不同尺寸大小的珊瑚沙。　4. 富士沙由富士山的火山灰加工而成，具有很强的装饰性。　5. 大灰藓属于苔藓的一种，耐旱性好，常用于制作苔藓球。

土壤表面集聚着化妆沙、护根物质和其他一些天然素材。尝试着将多样素材和多肉植物搭配起来。

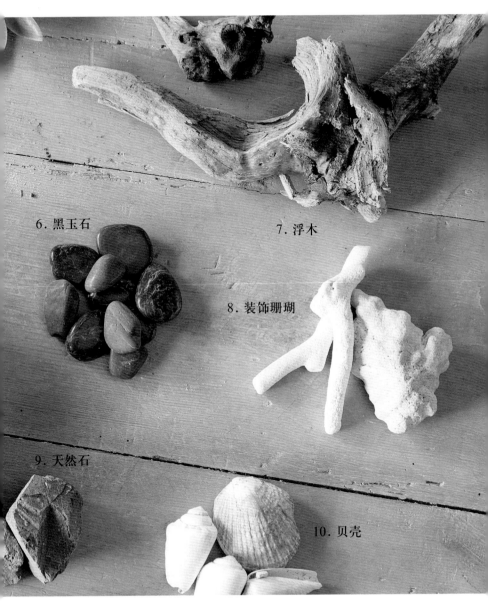

6. 黑玉石

7. 浮木

8. 装饰珊瑚

9. 天然石

10. 贝壳

6. 黑玉石形如其名，其中那智黑石颇为有名。　7. 浮木常和水草搭配，用于装饰鱼缸、水槽等，千姿百态、大小迥异。　8. 装饰性珊瑚是用于搭配多肉植物的天然素材之一。　9. 天然石除了用于园艺，还可以用于装饰鱼缸、水槽等。　10. 贝壳带来大海的气息，和多肉植物组合在一起也颇具特色。

混栽三种多肉植物

漏锅：混栽三种多肉植物

　　这是将瓦苇属"京之华锦"、景天属"虹之玉锦"和伽蓝菜属"月兔耳"相组合的混栽方式。在具有滤水功能的漏锅中衬入麻布，装好土壤并固定多肉植物后，再在土壤表层铺上白色的化妆沙，给人一种纯净动人的清澈感。

　　三种多肉植物可以选择高低不一的款式。首先，按照远高近低的方式，确定好容器正面的整体布局。接着，选择叶片色彩和质感迥异的三种多肉植物，让每一个角度、每一处细节都独具魅力。

准备材料和工具

漏锅（滤水装置）、麻布、培养土、化妆沙（白色天然沙砾）、多肉植物若干

瓦苇属
"京之华锦"

景天属
"虹之玉锦"

伽蓝菜属
"月兔耳"

17

PROCESS

No.01

选用有底洞的漏锅作为混栽的容器。将麻布剪成适当的大小，垫入漏锅中。

No.02

在容器里放入适量含有养分的多肉植物专用培养土。根据根苗的具体高度调整土壤的分量。

No.03

确定好容器正面的整体布局，将最高的"月兔耳"放于远处，用培养土覆盖其根部并加以固定。

No.04

在近处放好"京之华锦"后，于左后方植入"虹之玉锦"，让混栽的三种多肉植物以三角形结构展现和谐之美。

No.05

确定好多肉植物的具体位置后，在植物的根部周围和相邻位置放入适量培养土，适度压实以固定苗木。

No.06

用镊子的细柄夯实苗木间的土壤，确保多肉植物牢牢地立在培养土中。

No.07

在平整的土壤表面铺上一层化妆沙。化妆沙的选择根据植物、容器的色彩和尺寸而定。

No.08

混栽多肉植物大功告成。在苗木根部适量浇水后，摆放在自己喜欢的地方并妥善照管。

搭配三种多肉植物

玻璃容器：清爽透明的美感

用玻璃容器搭配水土，在明亮的窗边摆放两盆清爽澄净的混栽多肉植物吧。

DATA ——————

拟石莲花属"白冠闪"、莲花掌属"小人祭"、草胡椒属"红背椒草"、瓦苇属"冬之星座"、青锁龙属"宇宙之木"、球形节仙人掌属"长刺武藏野"

凸显个性的多肉植物混栽

三种混栽基础上的升级版作品。加入独特的多肉植物品种，凸显迥异的个性景观。

DATA ——————

长生草属"大红卷绢"、芦荟属"姬龙山"、青锁龙属"若绿"、棒捶树属、仙人掌属

伽蓝菜属
"福兔耳"

拟石莲花属
"雪锦星"

千里光属
"银月"

充满白色圣诞情调的多肉植物混栽

白色的纤毛和白色的粉末轻柔地覆在多肉植物的叶片上，营造出楚楚动人的圣诞气氛。土壤选用川沙和珊瑚沙，银白色叶片的多肉植物与杯状银器、白色蜡烛遥相呼应，搭配着周围的空气凤梨，愈发凸显出黑夜的优雅与神圣。

小贴示

多肉植物喜日照

多肉植物应放置于阳台等室外无雨处集中管理。阳台、棚架处通风好，即使是高温的盛夏也无须担心。

再说室内。日照较好的窗边无疑是摆放多肉植物的最佳位置。如果室内环境常年无光，应该轮流搬到日照较好的地方沐浴阳光，让每盆多肉植物都充分享受阳光的温暖。

大多数多肉植物都偏爱日照充足的地方，因此，要尽可能地让多肉植物沐浴在充沛的阳光里。有的地方乍一看明晃晃的，但日照条件可能满足不了多肉植物的生长。如果茎叶伸展过长、柔弱软嫩，极有可能是日照不足的原因。室内栽培最好将多肉植物固定放置在窗边，偶尔开窗通风换气，不用担心环境闷热。在日照不足的情况下则可采用轮流晒太阳的方式，让多肉植物轮换着享受日光浴。

若在室外栽培，则尽量将多肉植物放置在艳阳无雨处。酷暑炎热的夏季，如果将多肉植物裸放在水泥地上，地面反射的热量会被容器吸收，不利于多肉植物的生长。我们可以利用阳台、棚架等地理优势，尽量选用通风好、日照强的地方。盛夏，过强的直射光会造成叶片蒌蒌，所以最好半天就转移一次阵地。另外，对于怕冷的多肉品种，冬天要存放在室内，统一管理。

第 2 章

室内盆栽的创意组合

搭配各种容器　展现多肉植物个性

让多肉植物作为精美的室内盆栽点亮你的生活

小容器和大容器

手掌大的袖珍组合

在小巧的储物盒里混栽多肉植物吧。即使是巴掌大的袖珍储物盒，也能被琳琅满目的多肉植物簇拥着，焕发出满目葱绿的勃勃生机。

DATA

白檀属"白檀"、风车草属"姬胧月"、伽蓝菜属"白银之舞"、景天属"虹之玉锦"

四方石缸：
和谐栽种多肉植物

根据石缸的具体大小选择多肉植物。多以向上
伸展的多肉植物品种为主，近处可用小个的仙
人掌做搭配。

DATA

景天属"铭月"、龙舌兰属"吹上"、肉珊瑚属"索马里沙
漠玫瑰"、球形节仙人掌属"长刺武藏野"、鸡冠仙人掌属
"玉王殿"、鸡冠仙人掌属"缀化金手球"

方容器和圆容器

方容器：整齐有序

四方的木盒子搭配华美精致的织锦，种上整齐有序的多肉植物，让美自然呈现。不同的多肉植物需要不同类型的土壤。

DATA

拟石莲花属"桃美人"、青锁龙属"彦星"、强刺球属"日出"、景天属"春萌"、景天属"大唐米"、管花柱属"猴尾柱"

圆容器：圆润可爱

选用圆圆肉肉的"虹之玉锦""乙女心"来搭配圆容器，再点缀色形迥异的风车草属"胧月"、仙人棒属的多肉植物以示个性。圆形的器皿搭配着紧凑簇拥的多肉植物，完美极了。

DATA ————————————————————

景天属"虹之玉锦"、景天属"乙女心"、风车草属"胧月"、仙人棒属"朝之霜"

适合窗边垂吊的容器

合理利用飘逸的枝蔓

玻璃容器悬吊于半空，将枝蔓伸展的景天属"春萌""八千代"和伽蓝菜属"仙女之舞"巧妙呈献。这种搭配方式非常适合下垂的多肉植物。

DATA

景天属"春萌"、景天属"八千代"、伽蓝菜属"仙女之舞"、苍角殿属"苍角殿"、仙人棒属

准备材料和工具

悬挂的玻璃容器、抹布、水土、化学合成肥料、多肉植物若干

PROCESS

No.01
准备好纵深较长、有底洞的玻璃容器，在底部铺上小块麻布。

No.02
土壤选用颗粒饱满、美观性强的水耕栽培土水土。

No.03
因为水土几乎不含营养物质，所以有必要加入些许固体化学合成肥料。

No.04
在固体化学合成肥料上铺上水土。在确保多肉植物的根部与固体化学合成肥料不接触的基础上，植入伽蓝菜属"仙女之舞"。

No.05
搭配放入枝蔓延展的景天属"春萌""八千代"和仙人棒属。稍微调整多肉植物的朝向。

No.06
最后添入些许水土，牢牢固定三种多肉植物，完工。

混栽五种多肉植物

铁笼：汇聚个性，平添光彩

将五种多肉植物混栽在铁笼中，让多肉植物互相适应、互相融合。用麻布兜住土壤，再将个性鲜明的多肉植物移植其中。什么样的容器都可以成为多肉植物生长的家园。选取颜色、形状各不相同的五种多肉植物，美观和谐地放入铁笼内。青锁龙属多肉植物将其长长的触角探出笼外，尽显俏皮和妖娆。

拟石莲花属
"黛比"

厚叶草属
"千代田之松"

哨兵花属
"弹簧草"

回欢草属
"樱吹雪"

青锁龙属
"青锁龙"

准备材料和工具

铁笼、麻布、培养土、多肉植物若干

PROCESS

No.01

准备圆柱形铁笼一个，用麻布绕内侧一周，以防土壤溢出。

No.02

准备好与底部尺寸贴合的麻布，垫于铁笼底部。

No.03

一边留意麻布的位置，一边放入适量的多肉植物专用培养土。

No.04

将主角拟石莲花属"黛比"小心地移植到铁笼内。

No.05

接着将细长的青锁龙属"青锁龙"移植到铁笼一侧。细高的品种多放于远后方。

No.06

在铁笼的近处摆放回欢草属"樱吹雪"或厚叶草属"千代田之松"。最后植入哨兵花属"弹簧草",让其根部微微露出土面。

No.07

移植结束后,用镊子在植物的间隙放入适量土壤。如果表层土壤不够,可适量添加。

No.08

这样,美观大方的铁笼多肉植物就完成了。充分浇水后,放于阳光充足的地方,妥善照管。

妙手生辉，组合五种多肉植物

拟石莲花属
"银星"

青锁龙属
"绒猫耳"

千里光属
"真冰天使"

大戟属
"凤鸣麒麟"

鹿角柱属
"桃太郎"

融合"铝"质感和"雅"色彩

试着在铝制方盒里混栽五种多肉植物，让银灰色的容器和素雅的叶片互相搭配，覆盖在土壤表面的沙砾也起到锦上添花的作用，再加入景天属多肉植物遥相呼应，整体上营造出和谐统一的氛围。

晶莹透明的叶片搭配魅力无限的
瓦苇属多肉植物

瓦苇属多肉植物的叶片呈晶莹透亮的银白色。
对于瓦苇属多肉植物，我们可以选用红褐色蛋
糕状的容器，并将枯叶感觉的装饰穿插其间，烘
托出古朴的氛围，也更显多肉植物的透明纯净。

DATA ————————————————

瓦苇属"草玉露"、瓦苇属"小型圆头玉露"、瓦苇属"万
象"、瓦苇属"雪花寿"、瓦苇属"黄金玉露"

欣欣向荣，混栽七种多肉植物

呈现自然情趣的多肉植物

选择有脚架的铝制漏锅栽种，更能体现多肉植物的色彩斑斓与勃勃生机。七种多肉植物齐聚一堂，让雅致美观的容器平添一份热闹。选择各不相同的几款多肉植物，边想象着各自成长阶段的自然风貌，边享受种植过程中带来的灵感和趣味吧。

青锁龙属
"天狗之舞"

风车草属
"秋丽"

青锁龙属
"若歌诗"

伽蓝菜属
"银之匙"

莲花掌属
"黑法师"

景天属
"八千代"

景天属
"姬星美人"

准备材料和工具

漏锅（有滤水装置）、麻布、培养土、川沙、多肉植物若干

PROCESS

No.01

准备好铝制漏锅，在底部平整地垫入麻布，放入适量培养土。

No.02

先放入高个的青锁龙属"天狗之舞"，根据根部尺寸适当调整多肉植物栽种后的高度。

No.03

接着，在侧面放入伽蓝菜属"银之匙"。调整叶片的朝向，固定多肉植物的位置，放入适量培养土。

No.04

放入莲花掌属"黑法师"，用镊子将间隙处土壤聚拢并固定多肉植物。

No.05

在稍显宽敞的空处植入景天属多肉植物，让它的叶片覆盖在土壤表面。

No.06

最后在醒目的近处植入青锁龙属"若歌诗"和风车草属"秋丽"。

No.07

混栽结束。再次用镊子调整土壤，固定多肉植物。

No.08

最后，在土壤表面铺一层川沙。一眼望去，既清洁又大方。

送礼之多肉植物组合

拟石莲花属多肉植物，送礼的精致之选

把修剪后的多肉植物送给亲密的朋友和爱人。拟石莲花属多肉植物状若鲜花，非常适合放在礼盒里赠予他人。多肉植物在修剪茎叶后依然可以存活，不久便会生根发芽。在装扮好的多肉植物上，放一张祝福卡片，一定会为重要的人带来特别的快乐。

DATA —————————————

拟石莲花属"金牛座"、拟石莲花属"魅惑之宵"、铁兰属"松萝凤梨"、"菝葜"

准备材料和工具

礼盒、蜡纸、
祝福卡片、多肉植物若干

PROCESS

No.01
在礼盒中垫入茶色蜡纸。

No.02
并排放入修剪后的拟石莲花属多肉植物两种。

No.03
在拟石莲花属周围缠绕上细长的铁兰属"松萝凤梨"。

No.04
搭配上菝葜，放入祝福卡片，精美包装后完成。

小贴示
正确的浇水方法和时机

正确的浇水方式应为上图所示。待土壤完全干燥后，轻缓地浇灌在多肉植物根部。最好将喷嘴取下后使用喷壶。

像上图这样一股脑儿的浇灌方式是不可取的。叶片淋水容易引发叶片腐败或叶片烧灼。

多肉植物的茎叶蓄有大量水分，即使偶尔忘记浇水也不会干死。相反，浇水过度往往更容易造成多肉植物干枯。基本的浇水方式应该为，在土壤完全干燥的状态下，往植物根部轻缓浇灌，直到盆底流出水滴为止。如果容器没有底洞，则应浇灌到土壤全部湿润为止。如果水分聚集在植物根部，很容易导致根部腐烂。特别是叶片上附有果粉（表面呈白色颗粒状）的多肉植物品种，叶片淋水后很容易受伤。另外，叶如莲花的多肉植物，如拟石莲花属，一旦中部积水，很容易引发腐败、烧灼等现象。

浇水的频度也应随植物的生育周期而变化。夏季生育的品种，其休眠期为12月至次年2月，在此期间应控制浇水的次数；冬季生育的品种，其休眠期为梅雨季节，在此期间应控制浇水，确保通风和遮阳。

第3章

多肉植物的优雅演出

独特形状凸显植物个性

装饰效果散发无限魅力

享受创意组合

造型奇特的笼中多肉植物

用笼子养多肉植物，能让你更深刻地感受到成长的喜悦与快乐，独特的造型也会给人与众不同的感受。笼子里铺满椰丝，内置土壤，布置巧妙，令人赞叹。

拟石莲花
属"黛比"

景天属
"八千代"

"缀化仙人掌"

景天属

仙人棒属

古朴独特的盒中多肉植物

白铁皮收纳盒搭配浮木、瓷砖，尽显雅致庭园风。独特的造型，内嵌三种
多肉植物，宣示着美丽新主张。

DATA ——————————————————————————————

芦荟属"雪花芦荟"、鸡冠仙人掌属"姬春星"、吊灯花属"爱之蔓"

准备材料和工具

白铁皮收纳盒、培养土、根苗防腐剂、
西洋瓷砖、浮木、多肉植物若干

PROCESS

No.01
通常来说，收纳盒都是
封闭容器，要事先在底
部铺上一层根苗防腐剂。

No.02
倒入适量的多肉植物专
用培养土，保持表面
平整。

No.03
在收纳盒中放入古朴的
西洋瓷砖，半掩于土壤
中，与土壤互相映衬。

No.04
在瓷砖外侧放入奇形怪
状的浮木做装饰。

No.05
植入叶片形状独特的芦
荟属"雪花芦荟"。

No.06
在近处植入团簇的鸡冠仙
人掌属"姬春星"。

No.07
在浮木旁边植入造型奇
特的藤蔓植物——吊灯
花属"爱之蔓"。

No.08
将吊灯花属"爱之蔓"
的枝蔓缠绕于浮木上，
完成。

多用原生态容器组装

藤蔓手工吊篮

对于室内设计这门学问而言，其乐趣远不止利用现成容器进行设计。越来越多的盆栽爱好者尝试着手工制作容器本身。于是，利用植物藤蔓手工打造的天然吊篮应运而生。粗犷的造型和天然的本质遥相呼应，别有风情。吊篮制作成形后，再以苔藓球的形式让多肉植物贯穿其中。

拟石莲花属

景天属
"黄丽"

景天属
"春萌"

"龙舌兰"

仙人棒属

铁兰属
"松萝凤梨"

准备材料和工具

葡萄藤、钓鱼线、铁丝、
多肉植物若干

PROCESS

No.01

先从多肉植物的苔藓球做起。准备好茎蔓伸展的景天属多肉植物。

No.02

用水浸湿苔藓球，覆盖在多肉植物的根部。

No.03

为确保苔藓球的完整性，用钓鱼线缠绕在苔藓球外侧。

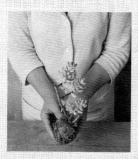

No.04

将钓鱼线的首尾相连，多肉植物的苔藓球完成。如此制作完所有的苔藓球。

No.05

将葡萄藤干燥后适度弯曲，形成大小适当的圆环。

No.06

为确保圆环的稳定，用铁丝加以固定。

No.07

制作两个大小相同的圆环，上下重叠，形成吊篮的基础部分。

No.08

接着将葡萄藤缠绕在圆环的间隙处。

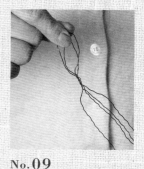

No.09

为了让吊篮可以悬挂起来，开始制作垂吊部分。将两根铁丝相互交叉，在中间悬挂处互相绕紧。

No.10

在保持平衡的前提下，将铁丝
固定在圆环上。

No.11

手工吊篮完成。亮点在于清新
雅致的自然氛围。

No.12

顺着茎叶的延伸方向，将包有
多肉植物的苔藓球放于藤蔓中。

No.13

接着将拟石莲花属的多肉植物
植入其间，将"龙舌兰"放于
中间位置。

No.14

最后，将修剪后的仙人棒属多
肉植物或铁兰属"松萝凤梨"
挂在两侧作为点缀。

No.15

手工吊篮大功告成，快快装点在喜欢的位置上吧。室内日照不足，偶
尔也要拿到窗边，让吊篮享受一下日光浴。

独具立体感的组合方式

叶片的流动线条烘托立体感和艺术性

叶片的流动线条渲染出多肉植物的立体色彩和艺术气息。以拟石莲花属为主体，搭配植入向上伸展的龙舌兰属多肉植物和向下悬垂的蛇鞭柱属多肉植物以及苍角殿属多肉植物。选用纵深较高的容器，凸显植物的高度差。

拟石莲花属
"碧桃"

龙舌兰属
"双花龙舌兰"

蛇鞭柱属
"夜之女王"

苍角殿属
"苍角殿"

准备材料和工具

铁制容器、培养土、
浮石、多肉植物若干

PROCESS

No.01
为确保多肉植物的排水
性，在铁制容器里放入
若干浮石。

No.02
在远处放入高个的龙舌
兰属"双花龙舌兰"，
并放入适量培养土。

No.03
在近处植入拟石莲花属
"碧桃"。

No.04
再搭配蛇鞭柱属"夜之
女王"和苍角殿属"苍
角殿"，让整个组合更
具流动性和层次感。

53

使用玻璃容器进行装饰

小苗葱郁的瓶装多肉植物

长生草属是繁殖较快的多肉植物品种。平坦开阔的玻璃容器其延展平铺的空间为长生草属的繁殖提供了条件。搭配造型别致有趣的大戟属，独特而有趣。

DATA ————————————
长生草属"百惠"、大戟属"膨珊瑚"

烧杯：亭亭玉立的高雅姿态

将细长的多肉植物移植到玻璃烧杯中，静静地欣赏多肉植物挺拔地立在那里。可以在烧杯顶部摆放王冠等装饰品，平添趣味。

DATA ————————————————————————————
景天属"春萌"、大戟属"膨珊瑚"、星球属"鸾凤玉"

圆柱形多肉植物培养容器

利用封闭的培养容器孕育多肉品种也是栽培方式之一。试着在大大的玻璃
容器里细心呵护"小鲜肉"们吧。尽情搜罗自己喜欢的品种，用大团圆的
形式增添情趣和快乐。

拟石莲花属

伽蓝菜属
"月兔耳"

肉珊瑚属
"索马里沙漠玫瑰"

球形节仙人掌属
"长刺武藏野"

准备材料和工具

玻璃容器、苔藓、培养土、
根苗防腐剂、多肉植物若干

PROCESS

No.01
将苔藓浸湿后，放于玻
璃容器底部。

No.02
在玻璃容器中央铺上土
壤，均匀倒入根苗防腐剂。

No.03
用苔藓球的形式制作多
肉植物。倒入多肉植物
专用培养土。

No.04
植入棒状的肉珊瑚属
"索马里沙漠玫瑰"。

No.05
接着放入长满刺的球形
节仙人掌属"长刺武
藏野"。

No.06
最后将拟石莲花属多肉
植物和伽蓝菜属"月兔
耳"放入其中，完成。

漂浮在水面上的小小沙漠

这是一款彰显海洋与沙漠之间鲜明对比的设计。使用双重玻璃容器，体现水中沙漠的创意。

DATA ————————————
风车草属

PROCESS

准备材料和工具

玻璃容器、玻璃杯、川沙、珊瑚沙、化学合成肥料、根苗防腐剂、贝壳、多肉植物

No.01
在玻璃杯底部加入适量根苗防腐剂，倒入些许川沙。

No.02
接着放入化学合成肥料，再倒入些许川沙。

No.03
边适量加入川沙，边小心植入风车草属多肉植物。

No.04
在大玻璃容器里铺一层粉末状的珊瑚沙，注入适量清水。

No.05
在珊瑚沙上装饰一些五彩斑斓的贝壳。

No.06
将玻璃杯稳稳地放入大玻璃容器里。水上沙漠的多肉植物完成。

盆栽风的小型多肉植物设计

在玻璃容器里用多肉植物营造一个世外桃源吧。俯拾皆是的石头和浮木，
目不暇接的可爱的多肉植物，这就是属于你的世外桃源。

大戟属
"峨眉山"

剑龙角属
"阿修罗"

景天属
"红宝石"

PROCESS

准备材料和工具

玻璃容器、水土、浮木、石头、
化学合成肥料、根苗防腐剂、多肉植物若干

No.01
准备卵形玻璃容器一个，
倒入适量根苗防腐剂。

No.02
倒入适量水土和化学合
成肥料。

No.03
将石头和浮木装饰在适
当位置，营造美观的自
然环境。

No.04
植入小巧可爱的大戟属
"峨眉山"。

No.05
在近处放入剑龙角属
"阿修罗"，于远处放入
景天属"红宝石"。

No.06
在空余位置放入些许苔
藓，增添自然气息。

小贴示

插穗也是室内盆栽的一种

散落在西洋书本上的插穗。边干燥边静候幼苗的生长。十日左右生根发芽，不同品种稍有差异。

把插穗静置在玻璃瓶中，注意保持切口的干燥。虽然只有小小的一株，也足以成为室内迷人的风景。

对于大多数多肉植物来说，剪下的茎叶不会马上干枯。切口干燥一段时间后，依旧可以生出新的根苗。利用多肉植物的这一属性而繁殖也叫"插穗"。插穗应放在通风口干燥数日。

让我们从小小的插穗做起，一同点亮我们的生活吧。透亮的玻璃杯搭配着灵动的多肉植物，让所见之人内心的感动奔涌而出。待插穗长出新根，将其移植到新家里，施以充沛的水分。

第4章

具体环境具体装饰

让多肉植物点亮你的生活空间

根据多样环境　选用创意装饰

巧用空间，精心装饰

桌上：工具箱里的多肉植物

在桌上的工具箱并排放几朵小多肉植物吧。和暗沉的书房、古朴的桌子对照，更能鲜明地彰显出小多肉植物的鲜活可爱。在多肉植物的陪伴下度过舒心快意的每一天。

D A T A ————————————
青锁龙属"梦椿"、景天属"铭月"、青锁龙属"火祭"等

PROCESS

准备材料和工具

别致的工具箱、做隔断的金属配件、川沙、化学合成肥料、根苗防腐剂、用浮木装饰的钢笔等，多肉植物若干

No.01

准备木质工具箱一个，用金属隔断将内部空间一分为三。

No.02

倒入适量根苗防腐剂和化学合成肥料，再满满当当地铺上一层川沙。

No.03

在中间一列放入青锁龙属"梦椿"三枚。

No.04

选用色彩各异的插穗做点缀，如叶片红艳的青锁龙属"火祭"。

No.05

将多肉植物布置完成后，在间隙处倒入川沙固定。

No.06

将浮木、小道具放入作为装饰，完成。

墙上：欧洲风的多肉植物挂件

在汤勺上培育拟石莲花属多肉植物和回
欢草属多肉植物，作为挂件装饰在墙壁
上。将多肉植物根部做成苔藓球，固定
在汤勺上。细腻的色彩，独特的造型，
让朴素的生活瞬间明亮。

准备材料和工具

汤勺、苔藓、钓鱼线、
多肉植物若干

拟石莲花属
"古紫"

回欢草属
"樱吹雪"

PROCESS

No.01
将拟石莲花属"古紫"的根苗
取出，用浸湿的苔藓包起来。

No.02
用钓鱼线将苔藓球一圈圈缠住，
确保多肉植物根部完整结实。

No.03
用钓鱼线将苔藓球和汤勺固定
在一起，悬吊在墙壁上。

玄关：耳目一新的多肉植物巡演

玄关虽小，关系重大。玄关的颜值高不高，很大程度上决定了留给客人的第一印象。混栽了可爱多肉植物的玄关，会给家人、客人暖暖的关怀感和幸福感。在玄关处放上乳白色陶瓶一个，主要选用银白色叶片的多肉植物搭配并混栽，以此烘托出清新明朗的色调。

风车草属
"秋丽"

青锁龙属
"星之王子"

伽蓝菜属
"仙女之舞"

大戟属
"膨珊瑚"

景天属
"铭月"

景天属
"绿龟之卵"

景天属
"红宝石"

PROCESS

准备材料和工具

陶瓶、培养土、浮石、
根苗防腐剂、多肉植物若干

No.01
在陶瓷瓶内放入多块
浮石。

No.02
倒入根苗防腐剂，加入
多肉植物专用培养土。

No.03
在远处植入高个的伽蓝
菜属"仙女之舞"。

No.04
由远及近依次植入风车
草属"秋丽"、青锁龙
属"星之王子"、大戟
属"膨珊瑚"、景天属
"红宝石"。

No.05
在近处的中间摆放好景
天属"铭月"和景天属
"绿龟之卵"。

No.06
最后用镊子在多肉植物
的间隙处填入土壤并加
以固定。

单独栽培
稀有品种

品种多样的多肉植物，让我们既可以享受集体混栽的情调，又可以用心体会单独培育稀有品种的乐趣。

纤细的叶片晶莹透明

瓦苇属的多肉植物不仅叶片纤细、晶莹透明，而且品种丰富，人气颇高。图为曲水宴和毛玉露的杂交品种。将不同品种的瓦苇属多肉植物摆成一排，边体味其微妙差异，边享受远观的乐趣。

带刺仙人掌的潇洒挺拔

带着观赏的眼光看仙人掌，我们可以将其分为开花美、带刺美、形态美这三种。图为强刺球属"神仙玉"和智力球属"逆龙玉"。看看这潇洒挺拔的造型，无与伦比的姿态，试着种一株吧。

下垂仙人掌

生长在南美热带雨林地带的珊瑚苇。长在树上、造型奇特的仙人掌带着无穷的神秘气息。

印象派的艺术线条

龙树属"马达加斯加树"，以其延展弯曲的枝干而闻名。马达加斯加树生长于马达加斯加岛南端，属于一属一种的稀有品种，印象派的艺术线条已成为其代表性特征。树皮下集聚着叶绿素，仅靠枝干即可进行光合作用，既神奇又美妙。

野兽派的魅力珍奇

大戟属"扁平麒麟"以其红褐色的枝干吸人眼球，人称"僵尸"。扁平麒麟生长在马达加斯加干燥地域的树荫下，难以忍受强光和暴晒。应妥善放置在光线充足、日照柔和的地方。

小贴示

培育精美的红叶品种

1. 伽蓝菜属"朱莲" 2. 青锁龙属"火祭" 3. 青锁龙属"红稚儿"
4. 景天属"宝珠" 5. 景天属"虹之玉锦" 6. 景天属"玉叶"

　　说到红叶，大家脑海里浮现的景象多为枫叶。其实，多肉植物也有红叶品种。

　　秋去冬来，气温大幅下降时，它的叶片颜色也伴随着温度急剧变化。红叶品种多集中为景天属、拟石莲花属、伽蓝菜属、青锁龙属等品种。

　　红叶品种的培育，关键在于保证充足日照和适当温差。即使在寒冷的冬季，也有必要让红叶在室外体验一段时间的寒冷，日照不足抑或是温差不够都有可能导致叶片色素不足。另外，还应该控制水分和肥料的给予。红叶品种凭借其耐寒耐旱的属性，在严苛的环境里绽放出夺目耀眼的红光。

第 5 章

多肉植物的栽培笔记

培育多肉植物的入门常识

关键在于总结繁殖方法

最合适的摆放位置

对于多肉植物来说，最适宜摆放的地方是日照最充足的地方，如阳台、露台、朝南的窗台等。日照不足会造成叶片颜色暗沉、茎干细长软嫩。另外，即使是喜光的多肉植物也要注意适当防晒。盛夏时分，或使用窗帘布遮光，或室外室内轮流"日光浴"，避免阳光直射。

把多肉植物尽量安放在室内的窗台边。冬季，耐寒性弱的植物品种要放在室内。

Part 1 多肉植物的基本维护

左：茎干细长软嫩。日照不足或是水分、肥料过量，容易引发茎蔓软弱细长。右：大雨过后，叶片腐烂。

多肉植物不能淋雨，特别是雨量过大的时候切记避雨。在湿度较高的梅雨季节连续淋雨会导致根叶腐烂。使用棚架，将多肉植物放置于通风清凉、干燥避雨的地方。

正确的浇水方法

浇水的关键在于适度，要拿捏准充分湿润和充分干燥的程度。土壤过于湿润很容易引起根部腐烂，苗木也无法健康苗壮地成长。

在塑料瓶的前端安装一根吸管，制作成简易的浇水工具，非常便利。

多肉植物所需肥料

和其他的花花草草相比，多肉植物的培育无须太多的肥料，只需在移植的土壤里加入少量固体肥料即可。另外，如果土壤排水性好，可适量掺入液体肥料进行追肥。肥料过量容易导致茎干纤弱细长，因此一定要适量施肥。

上：不能喷水。这样根部无法获取充足的水分。浇水时尽量不要碰到叶片，要对准根部进行浇灌。
下：不能用湿巾擦拭叶片。叶片上的水分容易蒸发，因此要避免打湿叶片。多肉植物的叶片表面常有很多白色的粉末，它们的存在就是为了防止叶片表面水分的挥发。

作为元肥的固体肥料和作为追肥的液体肥料。注意适量使用化肥。

根苗防腐剂

防止根部腐烂的硅酸盐白土。在容器没有底洞的时候能派上用场。

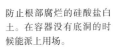

浮石

容器宽大且底部较深时，在底部放入浮石，可以提高排水性能，防止根部腐烂。

长势不佳时如何挽救

和其他花草树木相比，多肉植物的培育是比较容易的。然而，缺少贴心的照料，多肉植物也会不知不觉地开始枯萎。在无可挽回之前，悉心呵护好自己的多肉植物吧。

多肉植物最容易出现的是茎干细长纤弱的"徒长"问题。毫无疑问，这是由光照不足引起的，阴暗处的多肉植物最容易"徒长"。如果无法让光线更加充裕，我们可以适量控制多肉植物所需的水分和肥料，抑或是裁剪过长茎干、重新布置空间，以此改善多肉植物的生长状态。另一方面，叶片过度褶皱，浇水无法恢复原状，很可能是由于土壤过湿导致的根部腐烂。多肉植物不喜欢水分、养分过量的环境，因此切记不要过度浇水、施肥。出现了问题也不用过度焦虑，只要还有健康的苗木在，就有重新枝繁叶茂的可能。

Part 2　状态不佳时的紧急处理

预防病虫害

下面为大家介绍几种常见的多肉植物病虫害及相应的对策。

棉蚜约 1mm ～ 2mm，成虫的体表被白线覆盖。棉蚜吸食多肉植物汁液，携带、传播病原菌，妨碍多肉植物的生长发育。棉蚜喜干，常潜伏在叶片之间，特别是在叶片密集的多肉植物品种上极为常见。发现棉蚜后，或用牙刷细心扫落，或喷洒药剂驱除。

白盾蚧生长在干燥的土壤里，为白色球状的小虫。在移植时需格外留意多肉植物的根部，如果发现白盾蚧，即时摘除即可。也可以用水稀释杀虫剂后涂抹于多肉植物的根部。

根腐病是一种会让根茎变色、发软的病害，经常在土壤过湿或是透气不好的环境中出现。如果发现根腐现象，去除变色部分的根茎，完全干燥后移植即可。

黑斑病是一种于茎叶处生成黑斑的病害，往往和霉斑一同出现，常发生于通风不好、土壤过湿的环境。出现黑斑时，将病害茎叶彻底摘除干净即可。

平时可以常备园艺药剂。喷雾型药剂可以同时预防、驱除病虫害，非常方便。

发育不良的多肉植物苗木。每日观察，细心留意，发现异常，及时应对。

腐败菌引发的叶片受损

厚叶草属，浇水过度或日照不足时会引发叶片腐败。

用镊子从根部将受损叶片去除。

清理土壤表面的枯叶。

喷洒药剂，预防病害。

发现棉蚜

青锁龙属，叶片之间出现白色棉蚜。

用牙刷细致清理，再喷洒药剂。

发现黑斑

青锁龙属，叶片上出现黑斑。

除去有黑斑病的叶片，喷洒药剂后干燥一段时间。

移植的布置与组合

多肉植物的搭配与混栽没有特定的条条框框，只要注意以下几点即可。首先，不得不提的是布局的平衡性。"前低后高""朝向均衡"已成为布置多肉植物的基本原则。当然，不平衡也是一种艺术美。心动不如行动，赶紧动手搭配你手头的多肉植物吧！

多肉植物的组合也是一门学问。首先，需要确定好多肉植物中的"主角"和"配角"。体积较大、存在感强的多肉植物为"主角"，而叶片细小、有画龙点睛作用的品种为"配角"。其次，颜色的搭配也极为重要。或统一色或对比色，用心搭配出最华丽动人的多肉植物群吧。

Part 3　混栽的方式和整改

二次造型，精心打磨

移植 2～3 年后，多肉植物恣意生长，使原本美观和谐的造型也变得有些狂放不羁。如果想保持多肉植物的整体造型，可适当减少浇水、控制施肥，让多肉植物在略为严峻的生长环境里缓慢生长。除此以外，还可以尽可能地减少多肉植物培养土，控制养分的摄入，通过多放川沙的方式提高土壤的排水性能，最终延缓多肉植物的生长，维持整体的和谐造型。

无论生长周期有多漫长，都会让多肉植物的造型有所改变。细长型多肉植物变得更加细长，粗壮型多肉植物变得更加粗壮。此时，要通过二次造型让多肉植物重生。

首先，将细长的茎干剪下，剪下的茎干可以作为插穗再次使用。将枯枝败叶彻底清除，将苗木从花盆中取出，逐一清理植物的根部，将根部的土壤剥去，过长的根须剪裁少许。细根型多肉植物需放在通风处干燥数日。将处理后的苗木和插穗重新组合，二次造型，精心搭配。

茎干四处延伸

三年过去了，我们给多肉植物换
个新造型吧。

PROCESS

No.01

将伽蓝菜属多肉植物的根部上端剪下。

No.02

将近处的风车草属多肉植物稍稍拉伸后剪下。

No.03

将厚叶草属多肉植物底部的枯叶取下。

No.04

将伽蓝菜属的红叶品种作为插穗，去除茎干上的枯叶。

No.05

将剪下的多肉植物放好，略为干燥后重新使用。

No.06

将插穗放入细小的玻璃瓶里干燥片刻。

No.07

接着，从花盆里将苗木轻轻取出。使用小镊子等工具更为便利。

No.08

根据多肉植物的各个品种，将其根部细心分开。

No.09

将每棵苗木上附着的土壤轻轻剥下。

No.10

剪掉根须少许，以促进多肉植物的生长发育。

No.11

放置在通风好的场所干燥数日。

No.12

将所有品种的多肉植物放在一起。干燥完成后移植、混栽。

After

融入鲜活元素

选用长条形容器混栽多肉植物。高矮混搭，既有利于多肉植物的蓬勃生长，又错落有致、美观大方。

了解各个品种的繁殖方法

苗木的繁殖增生也是多肉植物的魅力之一。其中，最具代表性的繁殖方法为"插叶法""插芽法""分株法"。多肉植物品种的形状大小、生长方式、繁殖方式各不相同，无论是杂交配种还是育苗繁殖都不简单。

"插叶法"顾名思义，是将一枚枚叶片育成苗木。虽然需要较长的等待时间，但可以一次性收获多株苗木。"插叶法"适用于很多品种，但不可用于银波锦属和千里光属。值得注意的是，需要连同叶片底端的根部一同保留下来，以便日后生根、发芽。准备适当大小的平底容器，铺上干燥的土壤，再将取下的叶片并排放入其中即可。叶片生根后，几周内便会长出小小的嫩芽。

"插芽法"是利用插穗进行繁殖的方法。将健康的芽穗取下，放在通风阴凉处干燥4～5日后移植。景天属、莲花掌属 10 日左右长出根须，青锁龙属、银波锦属等品种则需 20

Part 4

繁殖培育多肉植物

日左右。根须成形后即可浇水，等到芽穗长出根须后移植即可。

"分株法"即将相连的苗木分开繁殖，多用于粗根型多肉植物，如龙舌兰属、芦荟属、瓦苇属等。将苗木从花盆中轻轻取出，剥去根部附着的土壤。分株后的苗木无须干燥根部，即刻移植便可。

根部培育的仙人球。多肉植物中这样的培育方式并不多见。

"插叶法"繁殖

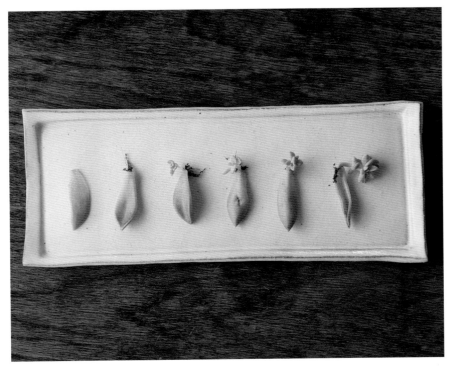

利用叶片进行繁殖，称为"插叶法"，叶片的底根可直接生根发芽。新芽约 1cm 大小时，喷洒些许水雾。待新芽成形至 2cm 以上时即可移植到小花盆中。

PROCESS

No.01
将拟石莲花属的下叶片剪下，取出健康的叶片留用。

No.02
在小格的育苗容器里放入培养土。

No.03
将叶片并排放入土壤表层，在阴凉处放置半天。

No.04
叶片顶端长出新苗。一次简单的繁殖过程即可收获多株苗木。

"插芽法"繁殖

"插芽法"，利用插穗进行繁殖。上图为插芽完成后的新生苗木。

PROCESS

No.01
将景天属中过长的茎干剪下，作为插芽进行繁殖。

No.02
剪下茎干后，母株多肉植物旁边会长出新芽。

No.03
图为剪下的景天属插穗。干燥一段时间后，切口附近会生出根须。

取出插穗，放于阴凉处干燥数日。插于透明
的玻璃瓶中，小巧可爱。生根后即可移植。

茎干过长时，可剪下一段茎干用于插芽繁殖。
母株的切口附近会生出新芽。

No.04
干燥后，将生出根须的插穗进行
移植。在适当大小的花盆里放入
适量培养土。

No.05
将茎干插入土壤后，填入土壤并
加以固定。

No.06
充分浇水后，放于日照充足的地
方进行培育。

"分株法"繁殖 1

将母株茎干分开，取下子株，干燥后插入干燥的土壤里加以培育。这种繁殖方法被称为"分株法"，主要用于青锁龙属和拟石莲花属等品种。

PROCESS

No.01
青锁龙属茎干上会生出很多子株。

No.02
用剪刀将子株连同根须一起剪下。

No.03
子株作为插穗进行处理，切口处需干燥数日。

No.04
将干燥后的插穗移植到小花盆里。

"分株法"繁殖 2

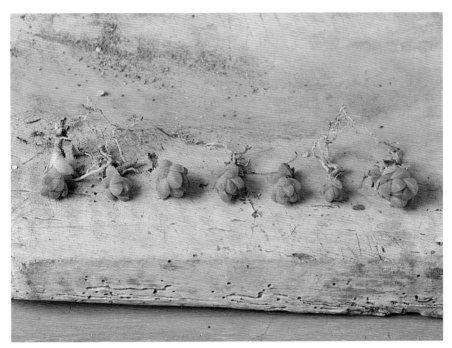

另一种"分株法"不同于上述的分茎，而是从根部进行分株，将相连的根部分开进行繁殖，如龙舌兰属、芦荟属、瓦苇属、长生草属等。这种根部分株的繁殖方法适用于粗根型多肉植物品种。

PROCESS

No.01

将瓦苇属多肉植物分株。从花盆里轻轻取出瓦苇属苗木。

No.02

从外围处开始，细心地将苗木连同根须轻轻剥离母株。

No.03

操作不便时可以使用剪刀等园艺工具。

No.04

直接移植到新花盆中，充分浇水即可。

小贴示
多肉植物的温床

从一般品种到高级品种，培育着多种多样的多肉植物的生产基地（图为长田基地）。

在多肉植物培育的第一线，根据环境、气候选育最适合的多肉植物品种。

在园艺店里购买的多肉植物大多来自生产基地。近年来，养多肉植物逐渐形成潮流，引进新品种进行培育也成为生产基地的发展方向之一。多肉植物多种多样，不同的生产基地孕育出的多肉植物也呈现出多元属性。

生产基地能为多肉植物的培育营造出最佳环境。在温湿度的调控管理、不同品种多肉植物所需培养土的开发、不同形状大小花盆的生产、浇水方式等方面，生产基地都作出了极大的努力。正因为生产基地为多肉植物的诞生提供了最适宜的温床，我们才能在市场上买到健康美丽的多肉植物。

第6章

深入了解多肉植物

拥有美妙姿态的多肉植物不同于平常的花花草草

多肉植物是越深入了解越会感到神秘有趣的生物

一起走入多肉植物的世界吧

Part 1
多肉植物的奇妙特征

对抗严苛环境的智慧和勇气

多肉植物的茎叶、根部都蓄有大量水分，因此即使在极端干燥严苛的环境下依旧可以朝气蓬勃、生机无穷。多肉植物有仙人掌科、景天科、菊科、芦荟科、番杏科等丰富多样的品种。某些学派甚至认为，广义上的仙人掌就是多肉植物。但通常来说，园艺领域里仙人掌和多肉植物是彼此分开的。

多肉植物千姿百态，没有标准形状之说。

既有玫瑰状肉叶厚重的，又有茎部肥硕；既有藤蔓柔韧延展的，又有根如芋头的。叶片的形态也千变万化，如有细小绒毛可吸收雾气的朦胧型，有带蜡状物质防止蒸发的粉末型以及能高效进行光合作用的透明型。

多肉植物所拥有的独特姿态，也正是严苛环境下努力进化、苗壮成长的最佳证明。

1.玫瑰状肉叶厚重——拟石莲花属　2.叶片表面附着细小绒毛——银波锦属　3.附于叶尖的透明窗户——瓦苇属　4.中轴对称的玉状多肉植物——肉锥花属　5.肥硕根茎储蓄水分——棒捶树属

千姿百态的仙人掌

在美洲大陆的干燥地带生长着多种多样的仙人掌。内陆深处的仙人掌浑身长满了刺，既有粗粗长长的，也有细细短短的。既有刺的，也有弱化无刺的。仙人掌的形状也多种多样，有柱状的仙人掌，有圆形的仙人球，还有平平的扇状仙人掌，更有石化仙人掌，可以不断分裂繁殖，形成复杂神奇的姿态。

左：扁状——扇状仙人掌
右：棒状——柱状仙人掌

左：球状——水分蒸发少
右：石化——分裂复杂体

无土培育的气生铁兰

凤梨科铁兰属的气生铁兰可以通过吸收空气中的水分进行无土栽培。虽然气生铁兰并不属于多肉植物，但它凭借其独特的物质特征成为了最适合与多肉植物混栽的植物。气生铁兰抗旱性强，在原产地常遇雾霭，因此每周应喷水 1～2 次。

品种丰富，不喜强光。可以放置在背阴处。

气生铁兰应
定期喷水。

Part 2

非生长季节的休整

不同品种培育方式的差异

大多数多肉植物都生长在雨季旱季交替的沙漠边缘。多肉植物分布于世界各地，无论是岩石、水流较少的斜坡，还是海岸周边的沙滩；无论是积雪的高山严寒地带，还是日本这样气候适宜的国家，都有多肉植物蓬勃生长的踪迹。不得不提的是有多肉植物宝库之称的南非和马达加斯加岛。

原产于日本的景天属等多肉植物，生长期从春季到秋季，冬季停止生长。若想从气候条件与日本迥异的其他地区引进多肉植物，就有必要选用与众不同的生长方式。每种多肉植物都以其独特的耐旱性、耐寒性等特有属性而与众不同，因此有必要根据多肉植物的品种选用不同的培育方式。

夏型多肉植物的生长期从春季开始，到冬季结束，于春末夏初时分开出漂亮的花朵。大多数多肉植物、仙人掌都属于这一类型。与此相对，冬型多肉植物的生长期从秋季开始，到次年春季结束，高山地带番杏科等多肉植物多属于这一类型。另外还有春秋型多肉植物。这类多肉植物既难以忍受酷暑，又无法平稳度过严寒，因此其生长期避开夏冬两季，集中在春季和秋季。根据多肉植物的基本属性将其划分为夏型、冬型、春秋型，根据不同类型选用不同的培育方式，方可孕育出最健康强壮的多肉植物。

原产于日本的景天属"大唐米"是生长于海岸、岩石等环境中的夏型多肉植物。

夏型多肉植物

生长期从春季开始，到冬季结束，如
芦荟属、龙舌兰属、银波锦属、大戟
属、伽蓝菜属、青锁龙属、景天属、
风车草属、棒棰树属、厚叶草属等。

冬型多肉植物

避开高温潮湿的夏季，生长期从秋季
开始，到次年春季结束，如莲花掌
属、肉锥花属、生石花属、虾蚶花
属、长生草属等。

春秋型多肉植物

生长期为春、秋两季，夏、冬季为短
暂性休眠期，如拟石莲花属、天锦章
属、回欢草属、吊灯花属、瓦苇属、千
里光属等。

Part 3
移植多肉植物的常识

多肉植物移植的最佳时机

大多数多肉植物都栽种在花盆里，移植的关键在于确保植物根部的稳定。当花盆的容积无法满足多肉植物的生长需求时，就有必要将多肉植物移植到更加宽敞的地方。移植的时机应为生育期之前。夏型、春秋型多肉植物应选在春季和秋季，而冬型多肉植物应选在秋季。非最佳移植时机的季节应尽量减少根部负担，确保根部紧凑结实。移植的周期应为小苗木 1 ～ 2 年 1 次，大苗木 3 年 1 次。在移植前，有必要确保土壤的干燥和根部的完整。

移植的方法多种多样
细根、粗根区别对待

多肉植物的根部可以根据粗细程度加以区分。拟石莲花属、景天属等品种属于细根多肉植物，而芦荟属、瓦苇属等品种属于粗根多肉植物。细根多肉植物在移植前需将根部的土壤清理干净，将过长的根部剪裁整齐，再放于通风阴凉处晾晒 3 ～ 4 日。粗根多肉植物则无须剪裁或晾晒，可直接移植到新环境里。

细根的景天属（左）和粗根的瓦苇属（右），移植方法各不相同。

细根多肉植物的移植

No.01
以风车草属"银星"为例。

No.02
轻敲花盆侧面,以便后续操作。

No.03
将带着土壤的多肉植物取出。

No.04
用手轻轻将根部周围的土壤清理干净。

No.05
用镊子细致清理多肉植物的根须。

No.06
将根部裁剪并干燥3日。

No.07
干燥后,移植到新土中。

No.08
选用大一号的花盆移植。

粗根多肉植物的移植

No.01
以瓦苇属"玉扇"为例。

No.02
首先,将多肉植物从花盆中轻轻取出。

No.03
将附着在粗根上的土壤清理干净。

No.04
将枯萎的粗根细心剪除。

No.05
将枯萎的叶片细心剪除。

No.06
根部无须干燥,直接进行移植。

No.07
放入培养土,固定多肉植物根部。

No.08
移植完成,充分浇水。

Part 4
四季管理方式

SPRING
春季——万物生长

　　春天可谓是最适合多肉植物生长的季节。气温回暖后，可将室内休眠了一个冬天的多肉植物搬到室外晒晒太阳。春季也是最适合夏型、春秋型多肉植物移植的季节。为苗木长大、叶片干枯的多肉植物建个新家吧。

SUMMER
夏季——酷暑难耐

　　梅雨时分，应将多肉植物放置在无雨通风的地方。盛夏时分要注意防晒遮光。夏型多肉植物在土壤干燥后可以充分浇水。休眠期的冬型、春秋型多肉植物有必要控制浇水的频率和次数，日照半天后搬入室内阴凉处。

AUTUMN
秋季——日照充足

　　夏去秋来，气候凉爽的秋季同样适宜栽培。不论是什么品种的多肉植物，只要保证充足的日照便会长势喜人，台风时节需转移到无风无雨的室内。秋季是最适合冬型多肉植物移植的季节。伴随着降温会叶片变红的多肉植物品种，在保证充沛日照的同时减少浇水量，即可显露出诱人的红艳。

WINTER
冬季——御寒保暖

　　冬型多肉植物耐寒性强，可以放在室外进行培育。耐寒性稍弱的品种可放在日照较强的窗台边，在气候温暖的正午打开窗户通风一段时间。气候严寒的地区，或使用厚窗帘，或将多肉植物搬到内室以保暖御寒。

不同培育方式对应的栽培日历

	夏型多肉植物	冬型多肉植物	春秋型多肉植物
3 月	🪣 🪴 🌱	💧	💧 🪴 🌱
4 月	🪣 🪴 🌱 ✿	💧	🪣 🪴 🌱 ✿
5 月	🪣 ✿	💧	💧 ✿
6 月	🪣 无雨通风处放置	🪣 无雨通风处放置	💧 无雨通风处放置
7 月	🪣	🪣 光照半日后搬入	🪣 光照半日后搬入
8 月	🪣 留意叶片灼伤 避免阳光直射	🪣 阴凉通风处放置	阴凉通风处放置
9 月	🪣 🪴 🌱	💧 🪴 🌱	💧 🪴 🌱
10 月	🪣 🪴 🌱	💧 🪴 🌱	💧 🪴 🌱
11 月	🪣	💧 ✿	💧
12 月	🪣	💧 ✿	🪣
1 月	🪣 耐寒性弱的品种转移至室内	💧	🪣 耐寒性弱的品种转移至室内
2 月	🪣	🪣	🪣

夏型多肉植物：3月~11月 生育期；12月~2月 休眠期

冬型多肉植物：9月~5月 生育期；6月~8月 休眠期

春秋型多肉植物：3月~6月、9月~11月 生育期；7月~8月、12月~2月 休眠期

🪣 正常浇水　　🪣 少量浇水　　🪣 断水　　🪴 适宜移植　　🌱 适宜繁殖　　✿ 开花期

植物名称索引

为大家介绍本书出现过的多肉植物。（按汉语拼音顺序排列）

白檀属
"白檀"
24

棒捶树属
20

苍角殿属
"苍角殿"
29，53

草胡椒属
"红背椒草"
20

长生草属
"百惠"
54

长生草属
"大红卷绢"
20

长生草属
"卷绢"
3

大戟属
2

大戟属
"峨眉山"
61

大戟属
"凤鸣麒麟"
34

大戟属
"膨珊瑚"
54，55，69

吊灯花属
"爱之蔓"
46

风车草属
59

风车草属
"姬胧月"
24

风车草属
"胧月"
3，27

风车草属
"秋丽"
37，69

管花柱属
"猴尾柱"
26

厚叶草属
"千代田之松"
30

回欢草属
"樱吹雪"
30，67

鸡冠仙人掌属
"姬春星"
46

鸡冠仙人掌属
"玉王殿"
25

鸡冠仙人掌属
"缀化金手球"
25

伽蓝菜属
"白银之舞"
24

伽蓝菜属
"福兔耳"
21

伽蓝菜属
"千兔耳"
5

伽蓝菜属
"仙女之舞"
29，69

伽蓝菜属
"银之匙"
37

伽蓝菜属
"月兔耳"
17，57

剑龙角属
"阿修罗"
61

景天属
45

景天属
"八千代"
2，29，37，45

景天属
"春萌"
26，29，49，55

景天属
"大唐米"
26

景天属
"防雪棚"
5

景天属
"红宝石"
61，69

景天属
"虹之玉"
3，4

景天属
"虹之玉锦"
17，24，27

景天属
"黄金万年草"
3

景天属
"黄丽"
49

景天属
"姬星美人"
37

景天属
"绿龟之卵"
69

景天属
"铭月"
25，65，69

景天属
"乙女心"
27

莲花掌属
"黑法师"
2，37

莲花掌属
"小人祭"
20

"龙舌兰"
49

龙舌兰属
"吹上"
25

龙舌兰属
"双花龙舌兰"
53

芦荟属
"姬龙山"
20

芦荟属
"雪花芦荟"
46

鹿角柱属
"桃太郎"
34

拟石莲花属
3

拟石莲花属
49，57

拟石莲花属
"白冠闪"
20

拟石莲花属
"白银杯"
3

拟石莲花属
"碧桃"
53

拟石莲花属
"大和蔷薇"
3

拟石莲花属
"黛比"
30，45

拟石莲花属
"杜里万莲"
3

拟石莲花属
"古紫"
67

拟石莲花属
"金牛座"
41

拟石莲花属
"魅惑之宵"
41

拟石莲花属
"霜之朝"
4

拟石莲花属
"桃美人"
26

拟石莲花属
"雪锦星"
21

拟石莲花属
"银武源"
3

拟石莲花属
"银星"
34

拟石莲花属
"玉杯东云"
5

拟石莲花属
"圆叶红司"
3

千里光属
"翡翠珠"
5

千里光属
"银月"
21

千里光属
"真冰天使"
34

强刺球属
"日出"
26

青锁龙属
"红叶祭"
2

青锁龙属
"火祭"
65

青锁龙属
"梦椿"
65

青锁龙属
"青锁龙"
30

青锁龙属
"绒猫耳"
34

青锁龙属
"若歌诗"
37

青锁龙属
"若绿"
20

青锁龙属
"天狗之舞"
37

青锁龙属
"星之王子"
3，69

青锁龙属
"彦星"
26

青锁龙属
"宇宙之木"
20

球形节仙人掌属
"长刺武藏野"
20，25，57

肉珊瑚属
"索马里沙漠玫瑰"
25，57

珊瑚苇
5

哨兵花属
"弹簧草"
30

蛇鞭柱属
"夜之女王"
53

铁兰属
"松萝凤梨"
41，49

瓦苇属
"草玉露"
35

瓦苇属
"冬之星座"
20

瓦苇属
"黄金玉露"
35

瓦苇属
"京之华锦"
17

瓦苇属
"万象"
35

瓦苇属
"小型圆头玉露"
35

瓦苇属
"雪花寿"
35

仙人棒属
"朝之霜"
27

仙人掌属
20

星球属
"鸾凤玉"
55

银波锦属
"熊童子"
4

银波锦属
"熊童子锦"
2

油点百合
2

"缀化仙人掌"
45

图书在版编目（CIP）数据

给第一次养多肉植物的你 / (日) 胜地末子著；李昕昕译 . —武汉：华中科技大学出版社，2016.3

ISBN 978-7-5680-1552-3

Ⅰ.①给⋯　Ⅱ.①胜⋯ ②李⋯　Ⅲ.①多肉植物–观赏园艺　Ⅳ.①S682.33

中国版本图书馆 CIP 数据核字（2016）第 020585 号

湖北省版权局著作权合同登记　图字：17-2015-366 号

Hajimete No Taniku Shokubutsu Raifu

Copyright © KATSUJI SUEKO 2014

All rights reserved.

First original Japanese edition published by Seibundo Shinkosha Publishing Co.,Ltd.

Chinese (in simplified character only) translation rights arranged with Seibundo Shinkosha Publishing Co.,Ltd. Japan

through CREEK & RIVER Co.,Ltd. and CREEK & RIVER SHANGHAI Co.,Ltd.

给第一次养多肉植物的你
Gei Di-yi Ci Yang Duorou Zhiwu de Ni

[日] 胜地末子 著

李昕昕 译

策划编辑：罗雅琴
责任编辑：高越华
装帧设计：傅瑞学
责任校对：九万里文字工作室
责任监印：朱　玢
出版发行：华中科技大学出版社（中国·武汉）　　电话：（027）81321913
　　　　　　武汉市东湖新技术开发区华工科技园　　邮编：430223
录　排：北京楠竹文化发展有限公司
印　刷：北京联兴盛业印刷股份有限公司
开　本：880mm × 1230mm　1/32
印　张：3.5
字　数：100 千字
版　次：2017 年 5 月第 1 版第 2 次印刷
定　价：29.00 元